AF246898

ÉDUCATION
DE L'OEIL
ET
DE SON HYGIÈNE

PAR

Le Dr DANIEL PARENTEAU

Médecin de l'Hôpital Saint-Jacques, Chef du service ophtalmologique
Membre de la Société médicale homœopathique de France
Membre de la Société Française d'Ophtalmologie
Membre correspondant de l'Association ophtalmologique italienne
Officier d'Académie, Chevalier du Libérateur du Vénézuela, etc.

LE LIVRE DES MÈRES

PARIS
PHARMACIE CENTRALE HOMŒOPATHIQUE
17, rue du Helder

ET TOUTES LES PHARMACIES HOMŒOPATHIQUES

1889

ÉDUCATION

DE L'OEIL

ET

DE SON HYGIÈNE

PAR

Le Dr DANIEL PARENTEAU

Médecin de l'Hôpital Saint-Jacques, Chef du service ophtalmologique
Membre de la Société médicale homœopathique de France
Membre de la Société Française d'Ophtalmologie
Membre correspondant de l'Association ophtalmologique italienne
Officier d'Académie, Chevalier du Libérateur du Vénézuela, etc.

LE LIVRE DES MÈRES

PARIS

PHARMACIE CENTRALE HOMŒOPATHIQUE

17, rue du Helder

ET TOUTES LES PHARMACIES HOMŒOPATHIQUES

1889

PRÉFACE

—

e petit livre est la première partie d'un ensemble de causeries parues dans le Journal « l'*Homœopathie populaire* », et qui, comme leur titre l'indique, ont trait à l'hygiène de l'œil et à son éducation.

Ce ne sera cependant pas, je me hâte de le dire, un « Traité des maladies des yeux ». Ayant une sainte horreur pour toute immixtion du profane dans les choses essentiellement graves et difficiles de la médecine, je considérerai toujours comme une imprudence extrême de mettre entre ses mains — à moins de circonstances exceptionnelles — une arme avec laquelle il risquera, neuf fois sur dix, de se blesser, et de blesser les autres.

Mon seul but sera de le mettre en garde contre l'ignorance, les préjugés et les préventions, de le prémunir, par tous les moyens possibles, contre les maladies qui peuvent l'atteindre, de lui permettre enfin de conserver intact et d'améliorer le fonctionnement si délicat, — et si nécessaire, — de sa vision ; mais ces précautions une fois prises, s'il survient une maladie, je lui dirai et lui répéterai sans trêve : « Fermez le livre ; ici cesse votre droit, — et votre devoir est de recourir, sans tarder, aux soins de l'oculiste. »

Je sais bien que d'aucuns, — très innocemment peut-être ! — me diront : « vous êtes orfèvre, M. Josse! » — et que l'on ne manquera pas de voir dans ces causeries un prétexte à réclame. — Peu m'importe.

Je n'écris pas pour les riches, qui ne lisent guère ces sortes de choses et qui, du reste, au moindre indice de maladie, s'empressent de réclamer les soins du médecin. J'écris essentiellement pour le peuple, pour les travailleurs, pour les pauvres. — Or, ils n'ont qu'un pas à faire pour trouver hôpitaux, dispensaires et cliniques où, — sans bourse délier, — ils recevront tous les soins que réclame leur état.

Cette première objection écartée, il en reste une seconde :

Un *petit livre*, — dira-t-on, — est-ce bien scientifique ? De la *vulgarisation médicale*, est-ce là chose bien sérieuse et digne d'un Docteur ?.. Et pourquoi pas, s'il vous plaît !

Reconnaissons tout d'abord que le vent est à l'instruction de *tous*. Autrefois, on n'écrivait que pour les initiés, c'est-à-dire pour le petit nombre ; et l'on se faisait un point d'honneur de ne rien dire qui ne fût profondément technique.

Un jour, parut l'*Histoire d'une bouchée de pain* — de Jean Macé. — Je cite ce livre, parce qu'il fût une des premières choses sérieuses que je me pris à goûter.

C'était la science physiologique mise à la portée de tous ; mais c'était encore de la science pure, car cet ouvrage, — comme beaucoup d'au-

tres qui le suivirent, — se produisait en dehors
d'une portée réellement pratique.

Depuis la rénovation des études, et la diffusion
de l'enseignement parmi les masses, on tend, —
et je ne puis qu'y applaudir, — à la vulgarisation
de la science, à sa mise à la portée du peuple,
ce grand enfant qu'il faut intéresser, et dont il
est temps enfin de faire l'éducation.

Et que l'on ne croie pas, que dans ce concours
de bonnes volontés pour l'instruction de tous,
les « Petits livres » soient exclusivement l'œuvre
des « Petits écrivains ». Bien loin de là ! — les
premiers et les plus autorisés en chaque matière,
se font gloire de quitter pour un instant les
hauteurs et de se faire petits pour être entendus
des petits.

N'est-ce pas le grand historien Guizot qui a
écrit l'*Histoire de France racontée à mes petits
enfants* ?

N'est-ce pas Viollet-le-Duc qui a écrit l'*Histoire d'une Cathédrale et d'un Hôtel-de-Ville* ?

N'est-ce pas enfin Paul Bert, cet homme politique qui ne s'est jamais reposé, — si ce n'est
dans la mort, — qui, hier encore, trouvait le
temps d'écrire, pour des élèves de huitième, un
petit livre d'histoire naturelle qui est un pur
chef-d'œuvre de méthode, de clarté, de vérité,
et qui est si attrayant qu'on n'a pas plus tôt fini
de le lire qu'on le voudrait recommencer ?

Donc vulgarisons, et vulgarisons encore. La
science n'y perdra rien, bien au contraire. — La
machine à coudre en est-elle moins une machine,
parce que tout son mécanisme, si précis et si

mathématiquement agencé, se trouve recouvert et dissimulé par la tablette de bois précieux et bien verni qui en fait un coquet petit meuble ?

Que sera donc cet ouvrage d'oculistique, puisqu'il n'apprendra pas l'art de guérir ?

Ce sera un *petit livre* précautionnel, un traité élémentaire et pratique de l'*élevage* de l'œil, si je puis appliquer à cet organe le titre humoristique, et cependant très vrai, qu'a pris mon ami le docteur J. Love.

Dans ce petit livre, je traiterai à la fois de l'hygiène, qui assure son libre fonctionnement, de la gymnastique qui le fortifie et le rend meilleur, de l'orthopédie enfin qui rectifie et redresse ce qui tendrait à faiblir.

En effet, si, comme je l'ai dit plus haut, le médecin seul est apte à traiter les maladies, il doit y avoir, — et il y a en effet — en dehors de lui, place pour des soins domestiques et pour des précautions personnelles.

Ce sera le but de ces Causeries.

Depuis quelque temps déjà, la génération qui monte, travaille et étudie, présente ce qu'on ne voyait pas autrefois, des vues mauvaises, fatiguées, irrégulières, qui nécessitent des appareils de toute sorte, cages pour emprisonner l'œil, lunettes bleues ou fumées, binocles convexes, concaves, cylindriques, etc., etc.

Il y a à cela beaucoup de causes ; une des principales est que nous avons, nous autres, plus usé et abusé de notre vue que nos devanciers. On ne trouvait souvent chez l'ouvrier de jadis que l'almanach, ou le catéchisme, tandis que le livre et le journal sont venus, par leur multiplication, tenter et surexciter la curiosité.

Les pères se sont fatigués, les enfants s'en ressentent, et — grâce à l'hérédité — s'en ressentiront chaque jour davantage. Puis la vie en public s'est développée ; on ne se couche plus en même temps que les poules, mais on va aux soirées, aux spectacles, aux conférences ou aux clubs ; et tout cela agit sur les yeux d'une façon déplorable.

Il y a là un mal, mal réel, intense et qui, quoi que l'on fasse, va toujours grandissant. Or, ce mal, qu'on ne l'oublie pas, est fatalement aggravé par l'ignorance des soins hygiéniques, des précautions rationnelles et des médications simples.

Il y a donc utilité réelle à traiter de l'*Éducation de l'œil*. Mais, je le répète, ces causeries n'ont pas mission d'enseigner et de faire des savants, mais seulement d'avertir, de prémunir et de renseigner ; c'est le livre du *fara da se*, qui s'arrêtera strictement au point où le concours du spécialiste sera, non pas seulement nécessaire, mais simplement utile.

Dans notre premier chapitre, nous causerons du nouveau-né et dirons quelles sont les précautions à prendre en ce qui concerne les yeux de ce frêle petit être.

LE LIVRE DES MÈRES

CHAPITRE PREMIER

De l'ophtalmie purulente des nouveau-nés.

ieyès disait jadis : « Qu'est-ce que le Tiers-Etat ? — Rien ! — Que devrait-il être ? — Tout ! » Parodiant ce mot célèbre, je dirais volontiers de l'ophtalmie purulente des nouveau-nés : « Qu'a-t-elle été jusqu'ici ? — Tout ! — Que devrait-elle être ? — Rien !

Et je n'exagère pas.

Ouvrez le curieux ouvrage du D' Fuchs (1) : « Des causes et de la prévention de la cécité » — mémoire qui, en 1884, a été couronné au Congrès international de La Haye — et vous y verrez que l'ophtalmie purulente des nouveau-nés est l'affection qui fournit encore, et de beaucoup, le *plus grand nombre d'aveugles*. Déjà, dans sa célèbre statistique portant sur 2,528 cas de cécité,

(1) Causes et prévention de la cécité, du D' Fuchs, traduit par le D' Fieuzal.

le professeur Magnus avait noté le chiffre, assez respectable pourtant, de 10,87 %. Mais cette proportion est loin d'être assez forte, ce qui tient à ce que cette statistique n'avait en vue que des cliniques, et que dans ces établissements l'on voit relativement peu d'aveugles par suite d'ophtalmie purulente, la plupart de ces malheureux ayant inutilement frappé à toutes les portes et considérant depuis longtemps leur affection comme incurable.

Si vous voulez avoir une idée des ravages que produit cette maladie, lisez les statistiques *générales* instituées en Allemagne, en Autriche, en Danemark, en Hollande et en France par Reinhard, Claisse, Katz, Daumas, etc., etc. ; vous y verrez alors que la proportion des aveugles *dépasse en réalité* 20 % !

20 % d'aveugles ! — sans compter ceux qui ne perdent qu'incomplètement la vue ; pauvres diables que néglige la statistique, mais qui doivent être encore bien nombreux, si l'on réfléchit que dans certaines cliniques ou maternités, la proportion des nouveau-nés atteints d'ophtalmie purulente s'est élevée parfois *jusqu'à* 45 % !

Voilà ce qu'était l'ophtalmie purulente des nouveau-nés en l'an de grâce 1884 — et ce qu'elle est encore de nos jours, il faut bien l'avouer.

— Or, que devrait-elle être ?

Le même livre du Dr Fuchs va nous l'apprendre : « La prophylaxie de la blennorrhée des nouveau-nés, dit cet auteur, doit être une des plus grandes préoccupations de l'hygiène. Il faut qu'on sache qu'une mesure bien appliquée dès le début peut, dans la plus grande partie des cas, en arrêter le développement. Lorsque la prophylaxie aura été insuffisante, nous possédons des méthodes de traitement qui peuvent avec assez de certitude prévenir la cécité » (1).

Je suis, pour ma part, plus affirmatif encore sur le second point, et je maintiens que l'on *peut toujours prévenir la cécité.*

Dans une pratique datant déjà de 12 années, et comprenant non seulement ma clientèle, mais encore celle du Dr Abadie près duquel j'ai rempli pendant cinq ans les fonctions de chef de clinique, je ne me rappelle pas avoir vu *un seul malade,* atteint de cette maladie, perdre la vue.

Il est bien entendu que je ne parle pas ici des cas où l'on nous a amené des enfants atteints d'ulcérations avancées ou de perforations cornéennes. Si bien armés que nous soyons, notre pouvoir ne va pas encore jusqu'à faire des miracles.

Je vous disais tout à l'heure qu'à l'aide de quelques précautions on pouvait presque toujours empêcher l'apparition de l'ophtalmie purulente des nouveau-nés ; cette opinion, qui est aujourd'hui partagée par la plupart des oculistes, est depuis longtemps sortie du domaine théorique. Ecoutez ce que dit à ce sujet Léopold Wessel : « Le procédé de Credé (2) a été appliqué à la maternité de Dresde, du 1er octobre 1883 au 10 juillet 1884, sur 1,002 enfants — sur ce nombre, 7 seulement, soit 0,69 % ont été atteints d'oph-

(1) Dr Fuchs. Causes et prévention de la cécité, page 105.

(2) On verra plus loin en quoi consiste ce procédé.

talmie purulente dans les 10 premiers jours après leur naissance ; encore faut-il en défalquer 2 qui, par suite de l'encombrement du service, ont été oubliés et n'ont pas reçu les instillations, et 2 autres qui ont été infectés après leur naissance par des mères négligentes et malpropres. Restent 3 *cas* qui ont eu lieu du 2 au 13 février 1884. A partir du 21 février jusqu'au 10 juillet les instillations ont été faites *exclusivement par le premier assistant* et *sur* 522 *enfants il n'y pas eu un seul cas d'ophtalmie* » (1).

Comment se fait-il donc que malgré ces affirmations répétées, l'ophtalmie purulente se montre encore aujourd'hui si fréquente et que les accidents graves qu'elle entraîne continuent à être aussi nombreux ? N'y a-t-il pas là quelque fatalité ? — Eh mon Dieu, non. Devant la fatalité, je m'inclinerais ; mais ici, il n'y a que des fautes, et des fautes que l'on doit et que l'on peut éviter.

Une de ces fautes, il faut bien l'avouer, est à l'actif des médecins qui, étrangers pour la plupart aux questions d'oculistique, ne se rendent pas toujours un compte exact de la gravité de cette affection. Pour beaucoup, le début de l'ophtalmie purulente est un simple « coup d'air » qui nécessite, tout au plus, quelques lavages anodins. Eh bien non ! il faut avoir le courage de le dire et avoir le courage de l'entendre : l'ophtalmie purulente n'est pas une bagatelle ; c'est une maladie grave avec laquelle il ne faut pas jouer et qui, rare dans la clientèle privée, généralement

(1) Extrait de la Revue des Sciences médicales, octobre 1884.

propre et soigneuse, prend à mesure qu'on descend l'échelle sociale des proportions de plus en plus graves et qui, pour être souvent bénigne, n'en est pas moins parfois une affection terrible, pouvant, si l'on n'y prend garde, entraîner en peu de temps la perte de la vue.

Aujourd'hui, heureusement, le nombre des oculistes s'accroît de jour en jour. En outre, la génération médicale actuelle se tient, de plus en plus, au courant des *spécialités*, et si elle ne les approfondit pas toutes, ce qui serait matériellement impossible, elle en apprend du moins assez, pour reconnaître et traiter ce qui est du domaine de la pratique journalière.

Ce n'est donc plus, de ce côté, qu'une question de temps ; attendons et espérons.

Mais là ne se bornent pas les responsabilités, et il y a fréquemment aussi de la faute des parents qui, par ignorance, insouciance ou... bêtise, ne se préoccupent pas assez de cette redoutable affection.

Examinons ce qui se passe le plus souvent, surtout dans la classe des travailleurs. Un enfant naît, et par suite de circonstances spéciales et contaminatoires de l'accouchement, reçoit à son passage, un atome de pus dans l'œil. Il reste les yeux fermés, et le plus souvent sans soins, pendant un temps plus ou moins long. Afin d'éviter le froid, on n'ouvre aucune fenêtre. L'air de la chambre est vicié, la nourriture insuffisante, le lait maternel défectueux. Bref, toutes ces causes prédisposantes aidant, il en résulte, qu'après une incubation de trois à quatre jours, l'ophtalmie purulente apparaît et se confirme. — Un matin, la mère s'aperçoit que les paupières de son enfant sont enflammées, rougeâtres et, de plus, agglutinées par des croûtes jaunâtres. Essaie-t-elle de les entr'ouvrir, il en sort un flot de pus. Habituée à la misère et à la souffrance, elle ne se préoccupe guère de cet état, ou si par hasard elle s'en inquiète, il se trouve toujours là quelque commère du voisinage pour la rassurer avec le sacramentel : « Bast ! c'est la gourme qui sort, inutile de s'en occuper ! »

Les plus timorées se contentent de prescrire, à tout hasard, quelques lotions adoucissantes, à l'eau de sureau, ou au lait, bien inspirées encore quand elles ne recommandent pas l'emploi de l'urine de l'accouchée !

Cependant, la suppuration persiste et s'aggrave. Au bout de huit à dix jours, n'apercevant aucune amélioration, la mère commence à n'être plus aussi tranquille. Elle se décide alors à conduire son enfant à l'oculiste ; malheureusement, il est souvent trop tard. La maladie a évolué ; le pus, érodant la cornée, y a produit des ulcérations, dont la conséquence peut être la perforation de cette membrane et l'issue du cristallin et du corps vitré. Dans des cas plus heureux, et lorsque la perforation n'est pas très étendue, il survient un enclavement de l'iris avec déformation de la pupille. Enfin, dans tous les cas, il reste comme traces de la maladie, des cicatrices indélébiles qui entravent plus ou moins, et à jamais, l'exercice de la vision.

Que d'enfants, en effet, me sont amenés plus tard, porteurs de moignons informes ou de leuco-

mes (taies) incurables, conséquences d'une ophtalmie purulente qui, de l'aveu des mères, n'a pas
été soignée, ou l'a été trop tard !

Pour éviter de tels accidents, qu'importe-t-il de
faire ?

Les moyens préventifs sont de deux sortes ;
1° ceux qui sont du domaine *médical*, et dont le
soin incombe naturellement au médecin ou à la
sage-femme ; — 2° ceux qui touchent à l'*hygiène*. — Ceux-là sont plus particulièrement à la
charge de la mère et de la famille.

1° PRÉCAUTIONS MÉDICALES.

Je devrais n'en pas parler ici ; mais comme il
peut se faire que ce petit livre soit lu par des con-
frères ou des sages-femmes, je tiens à dire un
mot du *Procédé de Crédé*, cette méthode si sûre
et si bénigne.

Il est aujourd'hui établi que la *source initiale*
de toute ophtalmie purulente des nouveau-nés
est une *contagion, directe ou indirecte, de l'œil,
par des sécrétions anormales, provenant des orga-
nes génitaux de la mère ; que ces sécrétions soient
blennorrhagiques, franchement purulentes, muco-
purulentes ou même tout simplement leucorrhéi-
ques (flueurs blanches).*

Pour expliquer la contamination *directe*, on ad-
met que, lors du passage de la tête, un peu de
sécrétion s'attache aux cils et que cette sécrétion
pénètre entre les paupières, lorsque l'enfant ouvre les yeux.

Pour éviter cette contamination, il importe
donc que le médecin accoucheur ou la sage-femme

— 8 —

instituent, au dernier moment, un lavage antisep-
tique du vagin, de facon à le débarrasser, autant
que faire se pourra, des sécrétions anormales
qu'il renferme.

Pour ces lavages, je prescris ordinairement la
solution suivante : *Corrosivus* 1re au centième,
XX gouttes, dans eau distillée, 100 grammes.

Cette première précaution prise, on attendra
la naissance de l'enfant, et aussitôt après la liga-
ture du cordon, on pratiquera le traitement de
Crédé, qui consiste à *plonger le bébé dans un
bain, à lui laver les yeux avec de l'eau pure et à
lui instiller entre les paupières une goutte d'un
collyre au nitrate d'argent à 2 °/₀.*

Rien n'est plus simple, on l'avouera, que ce
traitement préventif et quand nous aurons ajouté
qu'il est *absolument inoffensif* et que, de plus, il
suffit, 999 *fois sur mille* (1), à préserver l'enfant
d'une ophtalmie purulente, on comprendra que
nous insistions pour qu'il soit appliqué en toutes
circonstances.

2° PRÉCAUTIONS HYGIÉNIQUES.

Elles découlent naturellement de ce qui précè-
de. — Il faudra que la mère s'attache, durant les
derniers temps, à faire disparaître tout écoulement vaginal, fût-il simplement leucorrhéïque.
Elle devra aussi, après son accouchement, veiller
à ce qu'on la tienne bien propre et que les linges
à pansement soient immédiatement jetés, — ou
tout au moins enlevés de la chambre où couche

(1) Je n'exagère pas. « Crédé, depuis l'introduction de sa
méthode, n'a constaté sur 1.600 nouveau-nés que *un à deux*
cas de Blennorrhée. — Fuchs — loco citato, p. 112.

le bébé ; — en effet, lorsque la contamination est indirecte, c'est-à-dire n'a lieu qu'après la naissance, elle est due, le plus généralement, au contact des yeux de l'enfant avec les doigts, les linges ou les éponges imprégnés de matières septiques.

Il est indispensable que l'enfant ait *deux éponges*, l'une pour le corps, et l'autre *exclusivement réservée pour les yeux*.

Une dernière précaution, sur laquelle je ne saurais trop insister aussi, est celle qui a rapport à la pureté de l'air. Il y a bien longtemps déjà, en 1866, Giral, médecin de l'Hôpital des Enfants, ayant fait l'analyse de l'air de ses salles, constata que l'atmosphère renfermait des globules purulents et des parcelles d'épiderme particulier, qui peuvent, transportés d'un endroit à un autre, se déposer, comme de fines poussières, sur la conjonctive, si tendre et souvent excoriée des nouveau-nés.

Conclusion : aérer autant que possible, et, pour entraver toute chance de contagion, éviter une cohabitation trop intime et trop prolongée.

3° PRÉCAUTIONS A PRENDRE LORSQUE L'OPHTALMIE PURULENTE EST DÉCLARÉE.

Nous venons de voir ce qu'il convient de faire pour prévenir l'ophtalmie purulente ; que faut-il faire lorsqu'elle est déclarée ?

Ici, la chose est plus grave et devient *exclusivement médicale*. — Je dis médicale et je souligne le mot à dessein, car jusqu'au jour où il me sera prouvé que les sages-femmes ont, par un clinicat sérieux, appris à bien connaître et à bien traiter l'ophtalmie purulente, je réclamerai toujours énergiquement l'intervention du médecin ou de l'oculiste qui, seuls, par leurs études antérieures et leur pratique, sont aptes à discerner la variété de l'affection, sa période d'évolution et le pronostic qu'elle comporte.

Je vais plus loin ; il faudrait qu'un règlement sévère enjoignît aux sages-femmes de réclamer, en pareil cas, l'assistance du médecin.

Ecoutez ce que dit Füchs à ce sujet : « Le § 7 qui règle la question en Autriche, punit celles-ci, lorsqu'elles se dérobent à ce devoir ; il en est de même en Suisse, et cette ordonnance a déjà porté des fruits. D'après Horner, il ne s'est, « depuis 1865, » trouvé dans l'établissement d'aveugles de Zurich, aucun cas de cécité par blennorrhée conjonctivale des nouveau-nés » (1).

Füchs a raison, et puisqu'il est aujourd'hui prouvé qu'un traitement rationnel est aussi efficace que l'abstention est dangereuse, les sages-femmes devraient être passibles de peines sévères, lorsqu'il survient des accidents dus à leur incurie ou à leur imprudence.

Mais si le médecin seul doit traiter le malade, il n'en reste pas moins à la mère deux grands devoirs à remplir ; — le premier est de continuer, en les exagérant même au besoin, les précautions prescrites avant l'apparition de la maladie. Etant, en effet, donné sa *contagiosité excessive*, à laquelle l'âge n'apporte aucune immunité, je ne saurais

____

(1) Füchs, loco cicato, p. 115.

trop recommander aux parents d'être, pour eux-
mêmes et pour leurs enfants, d'une prudence extrême. Dans les faubourgs de Paris et des grandes villes, dans les ménages pauvres et nombreux,
dans les campagnes où l'on n'a généralement
qu'une pièce pour toute la famille, on aura soin
d'aérer le plus possible, de coucher les enfants
dans des chambres ou, tout au moins, dans des
lits séparés, de veiller à leur alimentation, de leur
donner beaucoup de soins de propreté, et de pra-
tiquer en particulier, sur les yeux, des lavages fréquents avec une solution contenant *XXX gouttes
d'Euphrasia T. M. par* 5oo *grammes d'eau.*

Mais ce n'est pas tout : à la mère aussi, incombe la grave responsabilité de faire exécuter, à la
lettre, et sans en dévier d'une ligne, *l'ordonnance,
toute l'ordonnance et rien que l'ordonnance du médecin.* Cela n'a l'air de rien, et pourtant c'est
beaucoup ; car on ne s'imagine pas tout ce qu'il
faut de courage et de sagesse pour résister à ses
propres désirs ou aux conseils imprudents, dont
la charité mal ordonnée des voisines, a, de temps
immémorial, conservé le monopole.

Que de bébés me sont amenés, à qui des com-
mères ont doctoralement prescrit, pour tout traitement, l'application sur les yeux de viande crue
ou l'instillation, entre les paupières, du lait de la
nourrice !

Dans d'autres circonstances, c'est un médicament qui, deux mois auparavant, aura été prescrit à l'un des membres de la famille, pour une
tout autre affection oculaire et qui, par cela seul
qu'il l'aura guéri, sera naïvement employé pour

combattre une maladie souvent toute différente. — Ah ! la routine et le préjugé ! Bien fort sera celui qui parviendra jamais à les déraciner !

A propos de préjugés, il y en a un que — dût-il m'en coûter — je dois tendre à détruire ; c'est celui qui a trait aux pharmaciens. Tous ceux que je connais (et j'en connais beaucoup) sont des hommes très honnêtes et très compatissants aux souffrances d'autrui, mais qui, fort instruits en leur partie, sont fatalement en médecine, — et ce n'est pas un reproche, — aussi insuffisants que nous le sommes, nous médecins, lorsqu'il nous prend fantaisie de faire de la pharmacie.

Et pourtant il est peu de pharmaciens qui, faisant abstraction de leur charité naturelle, sachent résister à la tentation de prescrire et de *donner*, car le plus souvent ils ne le *vendent* pas, un médicament sauveur à qui les implore.

Je sais bien que ce n'est pas tout à fait leur faute, et que, de tout temps, le public les a, par son imprudence, incités à faire de la médecine sans la savoir ; mais, si c'est une explication, ce n'est pas une excuse, et leurs essais thérapeutiques qui, dans l'école homœopathique — où ils sont rares d'ailleurs — sont le plus souvent inoffensifs, deviennent parfois de véritables attentats, lorsqu'il s'agit de l'allopathie où les substances maniées atteignent si facilement des doses toxiques.

Un dernier mot : — Etes-vous forcées, par votre position, d'aller accoucher à l'hôpital ? Hélas ! pauvres mères, veillez et souvenez-vous que, par suite de circonstances indépendantes, je le crois, des hommes, l'ophtalmie purulente est de beaucoup plus fréquente dans les maternités. Souvenez-vous aussi que la contagion y est forcément plus facile, et que, jusqu'à présent du moins, les cas de cécité y sont bien plus nombreux. Veillez bien sur votre enfant ; ne laissez transgresser aucun ordre, aucune prescription, et si vous avez le moindre doute sur les soins que nécessite l'état de votre bébé, n'hésitez pas à faire une réclamation. Luttez, en un mot, de toutes vos forces ; et que Dieu vous protège !

Les conditions hygiéniques d'un peuple étant généralement en rapport avec le degré de son instruction, je suis intimement convaincu que plus celle-ci s'étendra, moins l'ophtalmie purulente deviendra dangereuse. En attendant, il importe que le gouvernement prenne l'initiative de réformes tendant à améliorer le sort des classes ouvrières, notamment en ce qui concerne les questions si complexes de l'alimentation, du travail et de l'habitation.

Il importe, en outre, qu'il ne se désintéresse pas d'une maladie qui est essentiellement justiciable de mesures sanitaires publiques, et sur l'évolution de laquelle il peut avoir une action aussi efficace que celle dont il a très justement pris la responsabilité, vis-à-vis de la rage, de la syphilis et de la petite vérole.

Les nouveau-nés étant incapables de se défendre eux-mêmes, c'est à l'Etat qu'il appartient de protéger ces pauvres petits être contre l'ignorance ou l'incurie de ceux qui les entourent.

Il y a quelques années déjà, le Dr Fieuzal demandait que l'on insérât dans le *Livret de famille* une note destinée à prévenir les parents des dangers que peut faire courir à leurs enfants l'ophtalmie purulente.

L'idée est bonne ; — malheureusement elle pèche par le côté pratique. En effet, cette brochure étant délivrée le jour même du mariage, il y a peu de chances pour qu'elle soit lue à ce moment ! — L'est-elle plus tard ? — Je n'oserais pas en répondre.

Puis, que devient la recommandation, lorsqu'il s'agit des filles-mères, encore bien nombreuses ?

Bref, — et tout en consentant à l'insertion de la note préventive dans le livret de famille, je crois que si l'on tient à éviter, dans la plupart des cas, un avis purement platonique, il faut, coûte que coûte, s'y prendre d'autre sorte.

Il est, — on nous l'accordera bien, je pense, — *exceptionnel* qu'une femme accouche, sans avoir *jamais consulté* ni sage-femme ni médecin.

Partant de ce principe, je voudrais que l'État fît rédiger une note claire et substantielle et que toute personne de l'art, appelée auprès d'une femme enceinte, fût tenue de lui en délivrer *officiellement* un exemplaire, *après en avoir préalablement fait la lecture à haute voix*.

Voici, sauf meilleur avis, la rédaction que je proposerais (1) :

ARTICLE I. — L'ophtalmie purulente des nouveau-nés est une maladie qui peut toujours être évitée par le traitement préventif de Crédé.

____

(1) Je me réserve d'ailleurs de soumettre cette question au prochain congrès des ophtalmologistes français en 1889.

Lorsqu'elle est prise à temps, elle guérit toujours ; par contre, abandonnée à elle-même, ou mal soignée, elle peut, en quelques jours, rendre l'enfant aveugle.

ART. II. — Afin de l'éviter, il est recommandé aux mères :

1° De soigner leurs flueurs blanches ou autres écoulements, surtout dans les derniers temps de la grossesse ;

2° D'insister auprès du médecin accoucheur ou de la sage-femme, pour que, immédiatement après la naissance de leur enfant, on pratique sur lui le traitement de Crédé, qui est très efficace, et, de plus, inoffensif.

ART. III. — Pendant les 15 premiers jours, la mère devra surveiller et faire surveiller les yeux de son enfant, surtout s'il n'a été soumis à aucun traitement préventif.

Dès que le moindre écoulement apparaîtra, elle devra réclamer l'assistance d'un oculiste ou d'un médecin.

Si la sage-femme assiste au début de la maladie, c'est elle qui, la première, « devra donner le conseil d'appeler un médecin. Lorsque les parents n'en tiendront pas compte, elle sera obligée d'avertir l'autorité, afin de dégager sa responsabilité » (1).

Dans le cas où la mère est indigente, elle de-

***

(1) Les mots « entre guillemets » sont empruntés textuellement à Fuchs (Loc. cit., p. 121), dans les conseils qu'il donne au sujet de la prévention de l'ophtalmie purulente.

vra s'adresser à la mairie, qui sera tenue de faire soigner l'enfant sans tarder.

ART. IV. — L'ophtalmie purulente étant très contagieuse, même pour les grandes personnes, on devra prendre toutes les précautions nécessaires, pour éviter cette contagion.

ART. V. — Du 15° au 25° jour, après la naissance, les parents devront faire parvenir à la mairie une attestation du *médecin*, constatant l'état des yeux de l'enfant, à cette époque. Dans le cas où ils présenteraient des altérations graves, une enquête sera faite pour déterminer à qui en incombe la responsabilité. Les parents ou la sage-femme qui seraient reconnus coupables d'incurie, seront passibles de peines en rapport avec la gravité des accidents.

CHAPITRE II.

Précautions dont on doit entourer les yeux des nouveau-nés et des enfants en bas âge.

L'œil de l'enfant, surtout au premier âge, est un organe essentiellement délicat et tendre, qu'il faut traiter avec beaucoup de précautions et de ménagements. Toutes les mères savent qu'on ne doit pas faire asseoir ou marcher les bébés trop tôt, sous peine de voir leurs reins et leurs jambes encore faibles éprouver, à la suite d'un exercice trop précoce, des déviations et des troubles fonctionnels souvent irrémédiables. Combien en est-il, en revanche, qui se préoccupent de l'œil ?

A quoi tient cette sollicitude, un peu trop exclusive ? A ce que la débilité des membres est nettement manifeste, tandis que celle de l'œil ne se révèle le plus souvent à l'extérieur par aucun signe sensible.

Et cependant, pour latente qu'elle soit, cette débilité organique n'en est pas moins réelle, et si le surmenage et l'absence de soins hygiéniques ne semblent pas, au premier abord, provoquer d'accidents oculaires, c'est que ces accidents, ne se développant parfois qu'après plusieurs années, sont généralement attribués à une tout autre cause (malformation congénitale, troubles de dentition, coups, vers intestinaux, etc.), toutes choses, qui, le plus souvent, ne sont pour rien dans l'affaire.

Afin de maintenir l'œil de l'enfant dans les meilleures conditions possibles, nous allons successivement passer en revue les précautions qu'il est utile de prendre :

1° Au point de vue de la lumière ;

2° Au point de vue des mouvements de l'œil ;

3° Enfin, au point de vue des accidents que peuvent causer les agents extérieurs.

I. La lumière étant l'excitant naturel de l'œil, il importe qu'il n'en soit pas privé ; mais si l'obscurité lui est préjudiciable, il n'en faut pas conclure que l'on puisse impunément lui distribuer, sans précaution, la lumière.

Durant les premiers mois, il faut, au contraire, user de grandes précautions.

Voici, très succinctement résumés, les conseils que nous croyons devoir donner à ce sujet aux jeunes mères :

1° Eviter d'exposer les yeux de leur enfant à une lumière trop crue, que cette lumière soit naturelle ou artificielle (huile, gaz, pétrole, électricité, etc.)

2° Orienter le berceau de façon à ce que les yeux du bébé ne soient pas directement impressionnés par une lumière trop vive, que cette dernière vienne du dehors ou qu'elle soit due à la réverbération du jour sur une muraille trop blanche ou des tentures trop claires.

3° Lorsqu'on promène l'enfant, avoir soin de lui mettre une voilette, qui protégera ses yeux contre l'éclat du soleil, et le garantira en même temps des poussières ambiantes.

4° Enfin, choisir de préférence les endroits où la vue pourra se reposer, en fixant de la verdure.

II. *Précautions à prendre au point de vue des mouvements des yeux.*

Qu'il s'agisse de l'œil ou des membres, la coordination des mouvements volontaires est une faculté toute spéciale, qui ne s'acquiert qu'à la longue et qui est le résultat d'exercices progressifs.

Je sais bien que l'instinct a la plus grande part dans cette éducation de l'œil ; mais encore faut-il qu'on en surveille la marche et que des habitudes vicieuses ne viennent pas déranger l'équilibre des muscles qui font mouvoir les globes oculaires.

L'œil ne se trouvant au repos que dans la vision à distance, toute fixation de près entraîne une dépense de force; aussi ne saurions-nous trop recommander aux mères d'éviter, dans les premiers mois, d'attirer trop souvent, et surtout trop longtemps, l'attention de leurs bébés sur des objets très rapprochés ou qui, — bien que placés à une certaine distance, — sont situés dans des directions telles que leur perception nécessite des mouvements bizarres ou exagérés des globes oculaires.

III. *Précautions à prendre au sujet des accidents.*

Etant donné l'incoordination des mouvements volontaires, au début de la vue, éviter que l'enfant ait entre les mains des objets avec lesquels il puisse se blesser (aiguilles, épingles, clous, ciseaux, couteaux, porte-plume, etc.), et ne pas oublier que les bébés ont la rage de saisir tout ce qu'on a l'imprudence de laisser à portée de leurs petites mains.

Pour terminer ce chapitre, il est une dernière précaution sur laquelle je tiens à dire un mot ; elle a trait aux épingles avec lesquelles les femmes attachent actuellement leurs chapeaux. Rien n'est plus dangereux que ce petit ornement qui dépasse généralement la tête de plusieurs centimètres et sur lequel, en jouant, l'enfant, tenu au cou, peut venir se blesser.

Nous espérons qu'il suffira d'avoir appelé l'attention sur ce danger, pour que les mères s'arrangent de façon à l'éviter.

CHAPITRE III.

De la gourme et de la scrofule.

Nous avons parlé, dans notre dernière causerie, des précautions dont on doit entourer les yeux de l'enfant, durant le premier âge. Lorsqu'arrive l'époque de la dentition, il faut redoubler de prudence, car c'est à ce moment que surviennent, surtout chez les enfants lymphatiques et scrofuleux, des affections oculaires multiples qui, pour être bénignes en certains cas, ne laissent pas que d'entraîner, en de nombreuses circonstances, des accidents sérieux, — parfois même irrémédiables.

Je n'entreprendrai pas la description complète de ces diverses affections. Je l'ai dit et je le répète : ces questions toutes spéciales ne sont pas de la compétence des mères, et la médecine est chose trop sérieuse pour qu'on puisse leur permettre de jouer avec la santé de leurs enfants.

Mais à côté des données techniques, dont la connaissance est du domaine de la *médecine* pure, il est des choses que *toute mère doit savoir*, et c'est précisément pour les leur enseigner que nous écrivons ce livre.

Tout d'abord, qu'entend-on par ces mots : *lymphatisme, gourme, scrofule* ?

Sans vouloir entrer dans des détails absolument

exacts et rigoureusement scientifiques, je crois qu'en raison même des préjugés qui règnent à ce sujet, nous ne saurions mieux faire que d'en dire quelques mots.

En médecine, —comme en toute chose, hélas ! — il est des appellations malheureuses et dont on ne devrait jamais se servir. La *scrofule* et l'*hystérie* sont du nombre. — Dites à une femme qu'elle est hystérique, ou à des parents que leur enfant est scrofuleux et vous verrez de quel air indigné l'on vous regardera. C'est qu'en effet, pour le monde, une hystérique n'est souvent autre chose qu'une *femme qui court après les hommes*, et que pour beaucoup de personnes un scrofuleux est un être immonde, couvert d'abcès, de pustules, d'ulcérations, de sanie, et qu'on ne saurait toucher sans se contaminer.

Par contre, si vous avez affaire aux malades des cliniques, gens pauvres pour la plupart et depuis longtemps habitués à la misère, les mots *gourme* et *scrofule* n'éveilleront pas dans leur esprit d'autre idée que celle d'une *purgation* naturelle, dont on aurait bien tort de contrarier la marche !

Que de fois il m'est arrivé, — soit dans mon service de l'hôpital Saint-Jacques, soit au Dispensaire Love, — de rencontrer de malheureux enfants dont les yeux étaient aux trois quarts perdus, à la suite de lésions scrofuleuses profondes ; et lorsque, écœuré de l'insouciance des parents, je me décidais à émettre quelque blâme ou à formuler quelque crainte pour l'avenir : « Que voulez-vous, » me répondait philosophiquement la mère, « *on m'avait dit que c'était la gourme qui sortait* ! »

Eh bien ! j'ai hâte de le dire, ces deux manières de voir sont également fausses. — La scrofule n'est ni une maladie honteuse et effroyable qu'on ne puisse avouer, ni une bagatelle dont on doive rire. C'est, — au même titre que la goutte ou le rhumatisme, — un état anormal de la constitution, très fréquent dans les classes pauvres et qui, s'il constitue une prédisposition sérieuse à des lésions multiples et graves peut, lorsqu'il est enrayé de bonne heure par une saine hygiène et des médications préventives appropriées, laisser vivre l'individu dans des conditions de santé relativement très satisfaisantes.

Cet état défectueux de la constitution se manifeste, soit à la naissance, soit plus tard. — Dans le premier cas il provient de ce que les parents étaient eux-mêmes scrofuleux, — ou de ce que leur organisme avait subi l'influence d'autres causes débilitantes, telles que la vieillesse, la consanguinité, la tuberculose, la syphilis, le cancer, etc.

Dans le second cas (*scrofule acquise*, pour la différencier de la *scrofule innée*), la diathèse semble être le résultat de mauvaises conditions hygiéniques : nourriture insuffisante, allaitement artificiel, sevrage précoce suivi d'une alimentation malsaine, défaut d'exercice, manque d'air, habitation humide, travail physique prématuré ou excessif, etc., etc.

Abstraction faite de l'hérédité, des vices familiaux et des conditions hygiéniques défectueuses dont j'ai parlé plus haut, quels sont les signes auxquels il sera possible de reconnaître la prédisposition ?

On s'est attaché, de tout temps, aux signes *extérieurs*, autrement dit à *l'aspect* du malade. Bien que ces signes fassent défaut dans un grand nombre de cas, nous allons en donner une description succincte ; car, lorsqu'ils se présentent, on peut les regarder comme caractéristiques.

« Dans une première forme (forme torpide), la tête est volumineuse, les traits sont grossiers, *le nez et la lèvre supérieure sont tuméfiés*, le menton est étalé et aplati ; le ventre est saillant ; le cou est gros, déformé par des saillies glandulaires ; les tissus sont *mous* et comme spongieux. »

« Dans la deuxième forme (forme irritative), la *peau est remarquablement blanche* et rougit facilement ; les joues et les lèvres sont d'un rose vif, les sclérotiques (vulgairement *blanc de l'œil*) *ont une teinte bleuâtre*, ce qui donne au regard quelque chose de noyé et de langoureux ; les muscles sont grêles et flasques ; le poids du corps est petit ; les *dents, bleuâtres, sont belles et brillantes*, mais étroites et longues ; les cheveux *sont fins et mous.* » — Canstatt.

Ajoutons, avec Jaccoud, que dans les deux formes, les enfants sont sujets aux rhumes de cerveau, aux maux de gorge, aux maux d'yeux, qu'ils ont des écoulements d'oreilles, des engelures, des éruptions diverses (*gourme*) sur la figure ou sur le corps ; que les fonctions digestives enfin s'exécutent mal, présentant des alternatives de diarrhée et de constipation.

CHAPITRE IV.

Des affections oculaires considérées comme scrofuleuses.

Maintenant que nous connaissons la scrofule, ses origines, sa fréquence et les caractères auxquels il est, le plus souvent, permis de la pressentir, arrivons aux affections oculaires de l'enfance, considérées comme scrofuleuses.

Je dis considérées comme scrofuleuses, car c'est généralement chez les enfants lymphatiques et scrofuleux qu'on les observe. Hâtons-nous de dire pourtant qu'on les rencontre chez des enfants indemnes de toute diathèse scrofuleuse. Mais, dans ces cas, on peut être certain qu'elles sont le prélude, — ou le résultat, — d'une *débilitation acquise*, que cette débilitation survienne durant la convalescence d'une maladie, à la suite d'une perte de sang, d'une opération, d'un séjour prolongé à la chambre, d'une dentition difficile, de la présence de vers intestinaux, de mauvaises conditions hygiéniques, etc., etc. — Toutes ces causes, en effet, entravent la nutrition de l'enfant et le mettent dans des *conditions d'infériorité organique* qui ont beaucoup d'analogie avec la *débilitation que produit la scrofule.*

La variété la plus fréquente d'ophtalmie scrofuleuse est celle qui revêt la forme de *petits boutons blanc-jaunâtres.* Lorsque ces boutons siègent sur la partie blanche de l'œil, l'affection prend le nom de *conjonctivite* ; lorsqu'ils en occupent la partie colorée (ou cornée), c'est une *kératite* (1).

Conjonctivites.

La variété la plus bénigne est celle où les boutons siègent *exclusivement sur le blanc de l'œil*.

Dans une seconde forme, plus fréquente que la première, les boutons, — généralement alors assez nombreux, — sont accolés au bord même de la cornée. Là, le pronostic, sans être grave, doit être plus réservé ; car il arrive assez fréquemment que la lésion gagne la cornée, ce qui entraîne tous les dangers dont nous allons parler.

Kératite.

Lorsqu'un ou plusieurs boutons envahissent la cornée, l'affection devient plus grave et le pronostic est d'autant plus sérieux : 1° que la lésion siège plus près du centre ; 2° que le sujet se trouve dans des conditions sanitaires ou hygiéniques plus défectueuses.

En effet, si le bouton conjonctival guérit souvent de lui-même et sans laisser de traces, il n'en est plus de même du *bouton cornéen* qui, s'il n'est pris à temps et bien soigné, peut se transformer

(1) Nous n'emploierons de termes scientifiques que ceux qui seront absolument indispensables. Ici nous avons voulu éviter la fastidieuse répétition de : « *lésion siégeant sur le blanc de l'œil* » — « *lésion siégeant sur la partie colorée de l'œil.* »

en *pustule*, crever et laisser à sa place une *ulcé-ration* plus ou moins profonde dont la *cicatrice* ultérieure restera apparente. Il y a là une question d'esthétique qui se complique malheureusement d'une diminution plus ou moins considérable de la vision, lorsque la tache (ou *taie*) se trouve au-devant de la pupille.

Donc, — et c'est ce à quoi je voulais en venir, — s'il survient un ou plusieurs boutons sur le *blanc de l'œil* de votre enfant, faites-le soigner, cela va sans dire : mais ne vous alarmez pas. Ces boutons conjonctivaux sont un *avertissement d'avoir à surveiller la santé générale*. Sachez en profiter, pendant qu'il en est temps.

Existe-t-il un bouton, si minime qu'il soit, sur la cornée ? *Ne perdez pas une minute.* Paris est semé de bonnes cliniques homœopathiques. Courez-y sans tarder et faites soigner immédiate-ment votre enfant.

« Mais à quels signes, — me demanderont peut-être les mères, — pourrons-nous reconnaî-tre l'existence d'une kératite ? »

Rien n'est plus simple : si votre enfant ouvre les yeux, il vous suffira d'y regarder pour constater la lésion ; et s'il *les tient fermés, vous pouvez être à peu près certaine que la cornée est atteinte , la crainte de la lumière constituant un phénomène qu'on ne rencontre qu'exceptionnellement dans la conjonctivite*, et qui, au contraire, marque *presque toujours le début des kératites*. Ce symptôme caractéristique est tellement précoce que souvent il se montre, avant même que la lésion ne soit visi-ble à l'œil nu.

Agissez donc, en pareil cas, comme si vous aviez constaté l'existence d'un bouton cornéen.

En dehors du traitement spécial, que chaque oculiste prescrira comme il le jugera convenable, il est certaines recommandations générales, sur lesquelles je crois utile de dire quelques mots.

Dès que vous apercevrez le moindre bouton sur l'œil de votre enfant, qu'il s'agisse d'une kératite ou d'une conjonctivite et *quel que soit l'aspect du petit malade*, administrez-lui, de vous-même, trois cuillerées par jour d'une solution de *Calcarea* 6ᵉ (2 gouttes par cuillerée). — C'est la dose que j'emploie généralement en pareil cas chez les enfants, et il est rare qu'elle ne réussisse pas à amender les symptômes et à abréger la durée de l'affection.

Si l'enfant est *manifestement scrofuleux*, qu'il ait déjà présenté de la *gourme* et que les glandes du cou soient engorgées, vous vous trouverez bien de faire alterner *Iodium* 6ᵉ ou *Sulfur* avec *Calcarea*.

Mais ce que je ne saurais trop recommander aux mères, c'est de veiller à ce que l'enfant ait désormais une hygiène rigoureuse. Donnez-lui, une nourriture saine et fortifiante, interrompez momentanément son travail, et faites-le sortir, chaque jour, pour prendre l'air. Je ne saurais trop le répéter ; c'est là une des conditions indispensables d'un traitement efficace. S'il fait froid ou s'il pleut, vous en serez quitte pour bien couvrir le bambin et lui mettre de fortes chaussures.

S'il craint la lumière et qu'il tienne les yeux fermés et larmoyants, promenez-le quand même ;

mais, pour lui épargner la réverbération du grand jour, ayez soin de protéger ses yeux au moyen de petits carrés de taffetas noir *flottant* devant les paupières. — Un des préjugés maternels, en effet, consiste à vouloir couvrir les yeux de l'enfant au moyen d'un bandage. En dehors de circonstances toutes spéciales, et dont le médecin seul sera juge, rien n'est plus mauvais qu'une semblable pratique, car la compression produite par le bandeau venant s'ajouter à celle qu'exercent les paupières, entretient dans les parties sous-jacentes une irritation, qui augmente les douleurs, et retarde la guérison.

Une autre erreur, non moins nuisible, est celle qui consiste à couvrir les pauvres bébés de vésicatoires, mouches de Milan et autres emplâtres. Ces dérivatifs barbares qui n'ont aucune influence sérieuse sur la gourme, n'ont d'autre résultat que de faire souffrir les enfants et de les débiliter.

Une dernière recommandation pour terminer : *Exécutez à la lettre, et coûte que coûte, les recommandations du médecin qui soignera votre enfant.*

Dans le cas où il aurait cru devoir vous prescrire un collyre, ayez soin, au moment où vous instillerez les gouttes, de presser avec le doigt sur l'angle des paupières, au niveau de la racine du nez. — De cette façon, vous éviterez la pénétration du liquide dans le canal nasal, et de là dans la gorge, où la présence de substances souvent toxiques pourrait amener des accidents.

CHAPITRE V.

Inflammation du bord libre des paupières.

Avant de quitter les ophtalmies (1) scrofuleuses de l'enfance, je tiens à dire un mot d'une affection très fréquente et qui, le plus souvent, relève de ce vice constitutionnel, — je veux parler de l'inflammation du bord libre des paupières, autrement dit de la région où s'implantent les cils.

Dans les cas les plus bénins, il n'existe le plus souvent qu'une rougeur insignifiante, accompagnée d'une sensation plus ou moins vive de picotement ou de chaleur. — Lorsque l'affection est plus sérieuse ou qu'on la laisse s'invétérer, la rougeur augmente et l'on voit se former de petites croûtes au milieu desquelles les cils se trouvent agglutinés. En même temps, le malade éprouve une sensation de brûlure, notamment lorsqu'il travaille, le soir, à la lumière artificielle, dont la clarté lui devient insupportable et provoque du larmoiement.

Dans une période plus avancée enfin, les symptômes inflammatoires et douloureux s'accusent, les cils tombent en plus ou moins grande quan-

(1) Le mot « ophtalmie » dont j'ai presque toujours vu les mères s'épouvanter est un terme général qui signifie tout simplement « maladie de l'œil ». Il y a des ophtalmies redoutables, comme l'ophtalmie purulente par exemple, mais il en est d'autres qui, comme la *conjonctivité boutonneuse*, le *compère loriot*, etc., sont des *ophtalmies* insignifiantes.

tité, laissant voir des paupières déformées, déjetées en dedans ou en dehors et bordées d'une zone rouge, ulcérée et croûteuse.

Un des caractères de cette affection est de présenter, — alors même qu'on la soigne — des alternatives d'amélioration et d'aggravation, qui font le désespoir des malades — et souvent du médecin — et qui tiennent tout simplement à ce que cette inflammation étant, comme je le disais tout à l'heure, une manifestation fréquente de la scrofule, subit forcément les variations que la température, l'hygiène, le travail et l'état de la santé générale impriment à l'organisme du petit malade.

D'ailleurs, si la scrofule est la cause première, ou pour mieux dire, prédisposante, de cette affection, il existe beaucoup de causes occasionnelles : telles sont, par exemple, les conjonctivites boutonneuses ou catarrhales (1), les brûlures, le larmoiement, la variole, *une vue mauvaise*, etc., toutes causes qui, le plus souvent sont accompagnées de travaux excessifs, de mauvaise alimentation et de toutes les conditions hygiéniques défectueuses qui favorisent le développement de la scrofule.

J'ai souligné à dessein le mot « vue mauvaise », car c'est une des causes les plus fréquentes et qui, presque toujours, n'est reconnue que longtemps après l'apparition des accidents. Vous devrez toujours y songer lorsque, l'enfant commençant à travailler assidûment à l'école ou à l'atelier, vous verrez les aggravations coïncider avec l'ac-

(1) Nous parlerons un peu plus loin de ces dernières.

croissement du travail. En pareil cas, n'hésitez pas à conduire votre enfant à l'oculiste et exprimez-lui vos craintes au sujet de sa vision. Il suffira souvent d'une paire de lunettes bien choisie pour faire cesser toute fatigue et amener la disparition de la rougeur des paupières.

Etant donné la nature généralement scrofuleuse de l'affection, il est facile de prévoir quel devra en être le traitement. Tout d'abord il faudra soustraire l'enfant aux causes occasionnelles connues, le mettre dans de bonnes conditions hygiéniques et le garantir contre l'action nocive de l'air vicié, des poussières irritantes, de la fumée de tabac, etc., etc.

Je recommande aussi la cessation momentanée, mais aussi complète que possible, de tout travail, le soir, à la lumière.

A l'intérieur, la mère donnera, dès le début, *mercurius solubilis* 3ᵉ ; ou *hepar sulfuris* 6ᵉ, si l'enfant est manifestement scrofuleux et de santé chétive.

Dans le cas où les phénomènes inflammatoires seraient très accusés, *aconit* (T. M.) à la dose de quelques gouttes par jour, amendera rapidement les symptômes.

Si le gonflement des paupières est considérable, *apis mellifica* rendra souvent de grands services. On donnera enfin *nitricum argentum* lorsque l'inflammation du bord libre des paupières s'accompagnera de sécrétion muco-purulente abondante.

Il va sans dire que cette médication, — très simplifiée — ne sera instituée qu'à titre précautionnel et en attendant que l'on soit à même de consulter le médecin.

Il arrive parfois que la médication interne suffit à guérir l'affection, mais le cas est rare, et mieux vaut, à l'exemple des oculistes homœopathes anglais et américains, faire en même temps des applications externes, destinées à modifier la vitalité défectueuse du tissu de la paupière.

Les onguents tout préparés que l'on vend habituellement à cet effet sont *presque toujours* trop forts et j'engage vivement les mères à n'utiliser les *pommades de Lyon, de la Poste, de la Ve Farnier* et autres similaires, qu'autant que l'oculiste consulté en aura absolument autorisé l'usage.

Généralement des doses beaucoup moindres suffisent ; mais comme leur force varie nécessairement suivant la gravité de l'affection, c'est au médecin qu'incombera la responsabilité de ces diverses prescriptions.

Dans le cas où il serait impossible de recourir à l'oculiste et au pharmacien homœopathes, voici ce que je conseillerais comme traitement externe : Laver matin et soir les paupières à l'eau tiède, de façon à les débarrasser de leurs petites croûtes, sans provoquer de déchirure ; si ces croûtes sont épaisses et par trop adhérentes, il suffira de les ramollir préalablement au moyen de cataplasmes de fécule de pommes de terre laissés en place durant dix minutes environ. Cela fait, on étendra sur les parties rouges et enflammées une très légère couche de la pommade suivante :

Vaseline (ou à son défaut graisse fraîche)... 2 gr.
Corrosivus hydrarg (1re dilution centésimale). 10 gouttes.

Mélanger intimement avant de s'en servir.

Si, comme il arrive souvent, l'emploi bi-quotidien de cette pommade provoquait un peu d'irritation, mieux vaudrait l'appliquer seulement le soir, au moment où l'enfant est près de s'endormir.

Avant de terminer ce qui a trait à l'inflammation du bord libre des paupières, je tiens à recommander une médication qui est véritablement héroïque pour toutes les affections scrofuleuses, quelles qu'elles soient : je veux parler des *bains de mer*, soit naturels, soit artificiels. — Les premiers, quand ils sont possibles, valent certainement mieux que les seconds ; mais ces derniers rendent encore de grands services, et nous avons pu nous convaincre de leur efficacité au dispensaire Love où l'on donne chaque année, gratuitement, des milliers de bains d'eaux-mères.

Un mot pour finir : l'inflammation du bord libre des paupières est presque toujours une affection de longue durée, et qui, de plus, est sujette à de fréquentes récidives. Je recommande donc aux mères de s'armer de patience, de ne pas désespérer de la guérison et de faire soigner les petits malades aussi longtemps que la chose sera jugée nécessaire. Lorsqu'arrive l'âge de la puberté et que la constitution se fortifie, il n'est pas rare de voir l'affection décroître ; mais lorsque, par suite d'incurie, les paupières ont perdu leurs cils ou se sont déformées, il devient bien difficile d'en espérer la guérison.

CHAPITRE VI

Orgelet, autrement dit Compère-Loriot.

Sous ce nom, bien connu, l'on désigne de petits boutons rouges qui se développent et viennent faire saillie sur le bord des paupières, s'accompagnant souvent d'une douleur assez vive et d'une tuméfaction plus ou moins prononcée.

Cette affection est peu grave, mais elle est sujette à de fréquentes récidives et, de plus, laisse parfois à sa suite, de petites nodosités rougeâtres et violacées sur le bord des paupières. Si l'inflammation a détruit quelques cils, il peut aussi se faire qu'ils ne repoussent plus.

Je conseille, au début, des cataplasmes de fécule de pomme de terre, laissés en place quinze ou vingt minutes et renouvelés deux à trois fois par jour.

En même temps la mère donnera, à l'intérieur *Sulfur* 6ᵉ, ou *Sepia* 6ᵉ, chez les petits malades lymphatiques qui sont sujets aux compères-loriot. J'arrive assez fréquemment à empêcher, — ou tout au moins à retarder — les récidives, au moyen de la *Pulsatille* (T. M.) continuée, à la dose de quelques gouttes par jour, pendant un ou deux mois.

Quelquefois le bouton, au lieu d'être situé près du bord, occupe l'épaisseur même de la paupière. Dans ce cas, il ne s'agit plus d'un compère-loriot, mais d'une petite tumeur toute spéciale, à laquelle on donne le nom baroque de *Chalazion* et qui généralement indolore, ou tout au moins peu enflammée au début, finit par proéminer, tantôt en avant du côté de la peau, tantôt en arrière, du côté que touche l'œil.

Il peut arriver que cette petite tumeur disparaisse, soit d'elle-même, soit sous l'influence d'une médication appropriée ; mais le fait est relativement rare et il est plus fréquent de la voir dégénérer en un kyste, c'est-à-dire en une sorte de corps étranger qui parfois peut vivre assez longtemps au sein de la paupière sans occasionner d'autres troubles qu'une certaine gêne, jointe à une plus ou moins grande difformité, mais qui souvent aussi, — soit spontanément, soit sous l'influence d'une irritation quelconque (coups, contusion, frottement, excès de travail, etc.), peut tout à coup s'enflammer et devenir un abcès.

Le cas est alors sérieux ; car il arrive souvent qu'une fois l'abcès percé, la cicatrice ultérieure entraîne des déformations de la paupière, du larmoiement, etc., etc.

Je conseille donc aux mères de ne pas trop attendre et de consulter l'oculiste avant que l'inflammation ait produit des désordres irrémédiables.

Les médicaments qui m'ont, jusqu'ici, paru produire les meilleurs résultats, sont :

Thuya (T. M.) 3 à 10 gouttes par jour, lorsque la petite tumeur est indolore et se développe insensiblement.

Calcarea carbonica (2° tritur. centésim.) chez les enfants malingres et scrofuleux.

Pulsatilla (T. M.) et quelquefois (3°), chez les petites filles notamment.

Hepar sulfuris enfin, à la 6° dilution lorsque il

y a coïncidence de compère-loriot, ou de boutons d'acné sur le visage.

Un dernier conseil, avant de terminer.

Il est un préjugé, très répandu, qui consiste à recouvrir toutes les tumeurs, quelles qu'elles soient, de pommades dites fondantes. Un mauvais dicton d'étudiant assure que ces onguents ont été ainsi appelés, parce qu'ils fondent.... sur la tumeur, dont ils n'entravent d'ailleurs presque jamais l'évolution.

J'engage vivement les mères à s'abstenir de ces onctions qui, pour être presque toujours inutiles, n'en sont pas moins souvent fort irritantes, et qui peuvent, par leur répétition, provoquer des accidents autrement sérieux que ceux que l'on se propose d'enrayer.

CHAPITRE VII

Conjonctivite catarrhale, vulgairement appelée coup d'air.

ette affection, qui est fréquente chez l'enfant, peut provenir de causes très diverses. Une des plus communes est l'exposition au froid, ce qui lui a valu le nom vulgaire de « coup d'air ».

Bien qu'elle puisse survenir en parfaite santé, on l'observe le plus généralement chez les enfants lymphatiques, souffreteux, ou qui ont été anémiés par quelque cause débilitante ; c'est ainsi qu'on la rencontre très fréquemment à la suite de la rougeole ou de la scarlatine.

Il est bien entendu que je ne parle ici que des cas spontanés, les conjonctivites dues à la contagion pouvant indistinctement atteindre tous les enfants.

Dans sa forme la plus sérieuse, la conjonctivite catarrhale peut présenter, soit immédiatement, soit au bout de quelques jours, tous les symptômes que nous avons décrits plus haut, au sujet de l'ophtalmie purulente des nouveau-nés ; mais il est rare heureusement que l'affection atteigne une telle gravité. Le plus souvent il n'existe, — au début du moins, — qu'une rougeur plus ou moins accusée du blanc de l'œil, accompagnée d'un écoulement soit de larmes pures, soit de mucosités louches.

Presque toujours, en pareil cas, les paupières sont agglutinées, le matin, au réveil.

Quant aux symptômes ressentis par les petits malades, ils offrent une grande variété et ne sont pas toujours en rapport avec la gravité de l'affection.

La cornée ne présentant, au début du moins, aucune altération, il en résulte que la lumière est généralement bien supportée et que l'enfant n'éprouve le plus souvent qu'un picotement désagréable. Lorsque l'inflammation est très accusée, il s'y joint une sensation fort pénible de petits graviers roulant sous les paupières.

Ajoutons que toute application devient, sinon impossible, du moins très difficile et que, dans les cas où les malades persistent à vouloir travailler, de violentes douleurs ne tardent pas à se faire sentir dans les yeux.

Quant à la vision en elle-même, elle reste intacte. Lorsqu'elle paraît un peu trouble, cela tient à ce que les sécrétions muqueuses ou muco-purulentes se répandent sur l'œil. Parfois aussi, leur présence sur la cornée, entravant la pénétration régulière des rayons lumineux, provoque une sorte d'auréole autour des flammes.

Je ne parlerai pas du traitement des formes franchement purulentes. Il appartient exclusivement à l'oculiste et je considérerai toujours comme une imprudence extrême de vouloir soigner seul une affection qui peut, en quelques jours, entraîner la perte de l'œil. — Il ne faut pas oublier, en effet, que la conjonctivite purulente est aussi grave, — sinon plus — chez l'enfant et l'adulte que chez le nouveau-né.

Je recommanderai la même prudence à l'égard des conjonctivites catarrhales qui s'accompagnent de *crainte de la lumière*, ce phénomène indiquant toujours une complication, — souvent sérieuse — du côté de la cornée ou de l'iris.

J'ai dit, en commençant, que la conjonctivite catarrhale reconnaissait souvent pour cause une contagion. Cette contagion s'exerce le plus généralement à l'école, dans les jeux, ou par la cohabitation sous le même toit, avec d'autres enfants atteints de conjonctivite, soit purulente, soit même simplement catarrhale. L'encombrement, la misère et la viciation de l'air atmosphérique sont pour beaucoup dans la propagation de cette maladie ; aussi n'est-il pas rare de voir, dans les classes pauvres surtout, l'affection revêtir le caractère épidémique. Pour toutes ces raisons, il importe de prendre toutes les précautions dont on pourra s'entourer pour éviter une contagion possible et les mères devront toujours avoir présent à l'esprit qne cette dernière est d'autant plus à craindre que l'enfant se trouve dans de plus mauvaises conditions d'hygiène et de santé.

Si donc un des membres d'une famille vient à présenter une affection oculaire, *accompagnée de sécrétion,* il faut, avant tout, éviter qu'il puisse contagionner les autres. Quelque pénible que puisse être la chose, il devra s'abstenir de trop embrasser les autres enfants ; il est également important qu'il ne couche pas avec eux et qu'il ait bien soin de jeter ou de brûler tous les linges à pansements qui lui auront servi.

En outre et par mesure d'hygiène précautionnelle, il sera bon de laver matin et soir les yeux des enfants *sains* avec la solution de *Corrosivus hydrarg.,* dont j'ai précédemment donné la formule.

Dans les cas où l'irritation est considérable et dans ceux où le *corrosivus* provoque de la douleur on pourra remplacer ce médicament par une solution saturée d'*acide borique.*

Voici quel est le moyen le plus simple et le plus économique de se procurer cette solution : acheter chez le pharmacien 3o grammes d'*acide borique cristallisé,* les jeter dans un litre d'eau bouillante, laisser refroidir et passer dans un papier filtre.

Lorsque les yeux sont sains, un ou deux lavages par jour suffisent, mais il est évident qu'on devra les multiplier, chez les enfants atteints de conjonctivite catarrhale. Si utile qu'elle soit pour amender les symptômes, cette médication externe ne suffit cependant pas, aussi recommandons-nous, en outre, le traitement interne suivant :

1° Au début, et alors qu'il n'existe que de la rougeur, sans sécrétion conjonctivale, on se trouvera bien d'administrer au petit malade *Aconit* (T. M.), 2 gouttes par cuillerée d'eau, 4 cuillerées par jour. Lorsque l'affection reconnaît pour cause l'*exposition à l'air* froid, il est peu de médicaments qui aient autant de valeur.

Apis mellif. ou *lachesis* sont indiqués dans les conjonctivites où il existe du gonflement des paupières ; si à ce gonflement se joint une sécrétion muco-purulente abondante, *argentum nitricum* (2° tr. c.) et *euphrasia* 6° rendent de grands services.

Généralement ces médicaments suffisent à amener la guérison du *coup d'air* ; mais dans le cas où l'affection résiste, il est certaines indications particulières dont on devra tenir compte. C'est ainsi que je prescris concurremment *calcarea carbonica* chez les enfants lymphatiques ou scrofuleux, *belladona* lorsqu'il y a coexistence de maux de tête, *chamomilla* dans les conjonctivites de dentition, *ignatia* chez les fillettes nerveuses, *pulsatilla* chez celles où la puberté s'établit difficilement, *nux vomica* dans les conjonctivites avec aggravation matinale, *arsenicum* enfin et *hepar sulfuris* chez les enfants malingres où l'affection oculaire tend à devenir chronique.

Mais, nous le répétons encore, toutes ces médications *familiales* n'ont de raison d'être et d'excuse qu'autant que l'affection est *bénigne, nettement localisée à la conjonctive* et qu'elle ne s'accompagne pas de *vraie suppuration*. Dès que le moindre symptôme dénote l'apparition d'une conjonctivite *sérieuse*, il faut, coûte que coûte, et sans tarder, recourir aux soins du docteur.

CHAPITRE VIII.

Des accidents.

es accidents qui peuvent atteindre le globe de l'œil et les paupières sont si variés qu'il serait superflu de vouloir en essayer une classification complète ; aussi nous bornerons-nous à en examiner les principaux.

Lésions intéressant les paupières.

Ce sont ou des brûlures, ou des coupures, ou des piqûres, ou des déchirures ou des contusions. Ces dernières, les plus fréquentes de toutes, sont, chez les enfants, le résultat d'une chute, d'un heurt, ou plus souvent encore d'un vulgaire coup de poing. Il en résulte une tuméfaction rapide et un épanchement sanguin plus ou moins considérable qui donne, tout d'abord, à la paupière, une coloration rouge violacée caractéristique. Les jours suivants, et à mesure que le sang disparaît, cette coloration change, devenant successivement brune, jaunâtre, puis verdâtre.

Le traitement de ces contusions est des plus simples, à la condition toutefois que l'organe de la vue n'ait pas été atteint sérieusement, ce dont on s'assurera en examinant comparativement la vision des deux yeux.

Il consistera dans l'application de compresses d'eau très froide, que l'on renouvellera toutes les cinq minutes et sur lesquelles on versera quelques gouttes d'*arnica montana* (T. M.)

Lorsque le gonflement est très prononcé, il y aura avantage à exercer sur les parties une compression graduelle de manière à favoriser la disparition du sang extravasé dans le tissu de la paupière.

A l'intérieur on donnera *arnica* (T. M. ou 1ro dilution décimale) 2 à 3 gouttes dans un verre d'eau, une cuillerée d'heure en heure.

S'il y a déchirure, piqûre ou coupure des paupières, les compresses froides sont également indiquées ; mais à l'*arnica* qui, en certaines circonstances, m'a donné de légers accidents, je préfère l'*hamamelis virg.* (T. M.) 1/3 pour 2/3 d'eau, lorsque la plaie est nette, — et *hypericum perforatum* (T. M.) 1/20 pour 19/20 d'eau, s'il y a déchirure accompagnée de douleurs vives et de dépression nerveuse. Une des conditions essentielles pour avoir une prompte guérison est de bien laver la plaie et de faire en sorte qu'elle ne retienne aucun corps étranger, tel que verre, graviers, fragment de bois ou de métal.

S'il est possible de réunir les lèvres de la plaie par un agglutinatif, je conseille d'employer de préférence le taffetas d'Angleterre arniqué que l'on trouvera dans nos pharmacies homœopathiques.

A l'intérieur, on donnera *arnica* 3^a soit seul, soit alterné avec *hamamelis* 3e, si l'hémorrhagie est abondante et rebelle. Si dans les jours qui suivent, il y a tendance à la suppuration, on se trouvera bien de remplacer le pansement externe sus-indiqué, par l'application de compresses trempées dans une solution de *calendula* (T. M.) 5 grammes pour un verre d'eau.

Il va sans dire que le mieux est encore de prévenir la majorité de ces accidents en ne laissant pas entre les mains des enfants, — surtout lorsqu'ils jouent entre eux, — des instruments avec lesquels ils puissent se blesser, et en leur apprenant à se servir adroitement de ceux dont le maniement est pour eux une nécessité, tels que couteaux, aiguilles, ciseaux, etc.

Brûlures des paupières.

Cet accident est assez fréquent chez les enfants qui jouent avec le feu ou avec des liquides bouillants. Il peut en résulter de très grands désordres ; aussi conseillons-nous aux mères de recourir immédiatement, en pareil cas, à l'intervention de l'oculiste. En attendant, il sera bon d'enduire extérieurement et intérieurement les paupières d'un corps gras, tel que l'axonge, le cérat, l'huile fraîche ou la vaseline. Outre l'adoucissement que ces onctions apportent aux souffrances du petit blessé, elles ont encore l'avantage d'empêcher les adhérences qui pourraient se former, soit entre les deux paupières, soit entre les paupières et le globe de l'œil.

Pour éviter cette complication, il importe aussi de recommander au malade de fréquents mouvements de paupières ; mais comme, en pareil cas, la douleur est souvent assez vive pour paralyser l'exercice de ces mouvements, je conseille de faire mélanger au corps gras un peu de chlorhydrate de cocaïne au 20°. C'est un composé inoffensif que le pharmacien délivrera facilement et qui le plus souvent rendra de grands services.

Si la brûlure a été causée par un acide, la première chose à faire sera d'en neutraliser autant que possible l'effet par des lotions alcalines ; le plus simple, en pareille circonstance, est de laver les paupières avec de l'eau savonneuse ou avec une solution de carbonate de potasse.

Si, au contraire, la brûlure est due à un alcali, ce sont les lotions acides qui sont indiquées ; quelques gouttes de vinaigre dans un demi-verre d'eau constitueront alors le meilleur des antidotes.

Dans les cas enfin où la brûlure est occasionnée par la projection de chaux vive sur l'œil, je conseille, ainsi que le recommandait jadis mon vieux maître Gosselin, de laver immédiatement les paupières avec de l'eau sucrée.

Un accident également très fréquent est la brûlure que produit la déflagration de la poudre. On le voit quelquefois survenir à la chasse, mais c'est le plus souvent au milieu des réjouissances publiques, et il suffit de jeter les yeux sur les journaux qui en donnent le compte rendu, pour se convaincre du danger que courent les enfants en jouant imprudemment avec des pétards..

Pour ma part, il ne s'est pas encore passé d'année sans que je n'aie eu à soigner, soit en ville, soit à la clinique, des blessés de ce genre.

Lorsque le coup a été violent et que la décharge a fait balle, il peut arriver que l'œil soit immédiatement perforé et détruit ; mais le plus souvent, heureusement, l'enfant en est quitte pour des incrustations de grains de poudre qui diminuent plus ou moins sa vision et qui lui procurent en outre le désavantage d'un tatouage presque toujours indélébile.

Pour terminer le chapitre des accidents, je vais dire quelques mots de ce qu'on est convenu d'appeler les *corps étrangers* de l'œil. Ce sont tous les fragments de bois, de pierre, de fer, de cuivre, d'acier, de charbon, de verre, les glumelles de blé, les insectes, toutes les poussières enfin qui sont susceptibles de venir frapper les yeux et s'implanter dans la cornée ou dans la conjonctive.

La pénétration d'un corps étranger dans l'œil est excessivement fréquente, et les phénomènes d'irritation, de douleur et de larmoiement qu'il provoque sont chose assez connue pour que nous n'ayons pas besoin d'y insister ici. En revanche, il est rare qu'il en résulte grand dommage ; quelques mouvements des paupières suffisant presque toujours à chasser au dehors la petite poussière.

Dans quelques cas, cependant, le corps étranger reste emprisonné sous la paupière supérieure et il devient très difficile de l'en extraire.

Je condamne absolument toutes les manœuvres qui consistent à aller à la recherche du corps étranger au moyen d'anneaux, de curettes ou de tout autre instrument. On ne réussit le plus souvent qu'à l'incruster davantage dans les tissus.

Le moyen le plus simple est de faire basculer la paupière supérieure de façon à bien examiner sa face conjonctivale ; mais si la chose semble trop difficile ou que la douleur ressentie soit trop grande, voici ce que je conseille : après avoir recommandé à l'enfant de ne pas imprimer de mouvements à ses paupières et de rester immobile, les yeux fermés, comme s'il dormait, on saisit franchement entre le pouce et l'index le bord de la paupière supérieure, au niveau des cils, puis, attirant cette paupière en bas, on l'amène par-dessus l'inférieure. Il suffit alors d'ouvrir les doigts pour que la paupière revienne à sa place, mouvement qui permet presque toujours au corps étranger de se détacher et de rester sur la peau de la paupière inférieure, où on l'enlève facilement.

Quand il s'agit d'un corps étranger implanté dans la cornée, le cas devient plus sérieux. Souvent, dans les écoles et dans les ateliers, il se trouve de dévoués, mais imprudents camarades, qui s'offrent à l'extraire. Rien n'est plus dangereux, car souvent les désordres causés par une intervention inopportune sont plus considérables que n'eussent été ceux dépendant de la présence d'un corps étranger.

Si ce dernier résiste à des frictions faites avec une barbe de plume ou un petit morceau de papier roulé — ce sont les seuls instruments dont j'autorise l'emploi, — je conseille aux mères et aux enfants de ne pas tenter autre chose et d'aller immédiatement trouver le médecin.

Quelques compresses d'eau froide suffisent ensuite à calmer les douleurs dans les cas bénins. Quant aux cas graves, c'est au docteur qu'il appartiendra de se prononcer sur le traitement à suivre.

Nous voici arrivé à la fin de la première partie de notre tâche ; car ici se termine ce qui a trait aux affections oculaires de l'enfance ; ce qui ne veut pas dire que celles dont nous avons parlé soient les seules qui puissent atteindre le premier âge ou qu'elles lui soient exclusivement départies.

Désirant, avant tout, être utile et faire œuvre pratique, nous avons eu pour seul but de permettre aux mères, qui ne se trouveraient pas à proximité d'un oculiste, de donner les premiers soins à leurs enfants lorsqu'ils se trouveront atteints d'une affection bénigne ou qu'une abstention de traitement pourrait rendre sérieuse, de seconder le médecin dans les cas longs ou difficiles et d'être surtout mis en garde contre la gravité possible des affections oculaires.

Donc, — et ce sera notre conclusion — toutes les fois qu'il s'agira d'une affection *non décrite* ou dont ces causeries n'auront pas garanti l'innocuité absolue, je donne, une dernière fois aux mères le conseil de recourir aussi rapidement que possible aux soins d'un oculiste. Notre travail s'adressant surtout aux travailleurs, pour lesquels Paris et la province ont, depuis quelques années, multiplié les cliniques *gratuites*, notre conseil peut et *doit* être considéré comme absolument désintéressé.

Dans une seconde partie que nous intitulons *le Livre des Instituteurs*, on trouvera ce qui a trait aux affections oculaires de la seconde enfance.

TABLE DES MATIÈRES

Clermont (Oise). — Imprimerie DAIX frères, 3, place Saint-André

181

Vve E. NOWOZELSKI ET FILS

108, Faubourg Saint-Honoré

PARIS

MAISON SPÉCIALE POUR LA VUE

GRAND CHOIX DE LUNETTES

PINCE-NEZ EN TOUS GENRES

BLANCS & FUMÉS

---

*Exécution des ordonnances d'oculistes
aux meilleures conditions.*

GRAND CHOIX

DE LUNETTES FUMÉES POUR ENFANTS

PRIX TRÈS MODÉRÉS

PHARMACIES HOMŒOPATHIQUES

PARIS :

25, Boulevard Saint-Martin ;
84, rue de la Victoire ;
57, rue de Rivoli ;
38, rue du Bac ;
17, rue du Helder (Chaussée-d'Antin) ;
43, rue de Chateaudun ;
104, faubourg Saint-Honoré ;
8, rue des Capucines.

LYON :

Pharmacie homœopathique : 86, rue de l'Hôtel-de-Ville.

MARSEILLE :

Pharmacie homœopathique : 1, rue de la Darse.

Clermont (Oise). — Imprimerie Daix frères, 3, place Saint-André